Cabins

逃离喧嚣

探索小屋

视觉文化 编

潘潇潇 译

广西师范大学出版社 images
·桂林· Publishing

目录

21世纪的小屋

达蒙·海耶斯·科图雷(Damon Hayes Couture)

边界区域

本书展示的小屋看起来可能不太像过去的那些乡村小屋,但与它们在本质上有着相似之处:位于一些边界区域。小屋的出现曾经是为了满足一些人口聚集的边界区域的避难需求。如今,小屋的设计师更乐于探索设计、建造小屋在21世纪到底意味着什么。

小屋的概念存在于两个定义之间——居住地的边界(越过这里便是现实中的荒野)和认识的边界(越过这里便是思想上的荒野)。小屋的概念模糊了梦想与现实、传统与创新、自然与文化之间的界限,通过"梦见小屋""画出小屋""建造小屋""住进小屋"几个步骤,大家将对当代小屋在建筑探索中的存在方式有所了解。

启程去远方

小屋在我们的梦境中是迷人的存在:我们会想象自己在攀上陡峭的山坡后,抵达山顶上的小屋,或是走在从静谧的树林中穿过的小径上,偶然发现有一个隐蔽的庇护所。我们渴望旅途中的冒险与安宁,虽然我们脑海中的旅行目的地可能有所不同,但我们的感受是一样的:想去那些与世隔绝的地方,宁静而又舒适。那里可能是我们与家人和朋友常去的地方，可能是我们梦想着有朝一日作为旅行目的地的异国他乡，也可能是只会出现于我们脑海中的虚构的地方。无论真实存在的，还是想象出来的，小屋确实迎合了我们想要逃离城市、回归大自然的渴望。

小屋不仅是我们的庇护所，还为我们展现了一种不同的生活体验。为小屋之旅做准备时，我们打算只带一些生活必需品，打包行李时甚至还产生了一种焦躁不安的情绪。终于，我们把所有的东西打包好，然后向小屋进发。

在离开城市的路上，广告牌、混凝土建筑和公路逐渐消失，取而代之的是树木、岩石和野生动物。渐渐地，通往小屋的道路从笔直的公路变成了曲折的小路。无论穿越田野、林地，还是翻越高山，或是漫步于海边，沿途的风景都会为我们指引方向。小屋让我们踏上了城市与荒野交界处的土地。

为小屋命名

小屋可以有很多名字：营地、村舍、木屋、屋舍、棚屋或是庇护所，这些别称体现了小屋所在地域及形式的多样性。瑞士人把山间小屋称为牧人小屋，挪威人把农场中的小屋称为农场小屋，加拿大布雷顿角岛的岛民则把夏日小屋称为度假小屋……这些足以证明小屋的灵活性和实用性。

小屋的名字本身也体现了人类探索边界区域的传统。除了使用木材、混凝土和钢材等传统材料，小屋还尊重过去和现在其所承载的文化价值，为人们提供了亲近大自然的机会。正如挪威的技术与环境史学家芬恩·阿恩·约根森（Finn Arne Jørgensen）所说的那样："小屋既存在于脑海中，也存在于现实世界。它是时空之外的观察点，我们不仅可以在小屋中观察大自然，还可以在那里审视我们自己和我们所在的世界。"毕竟，小屋不只是荒野中的私有建筑，它还是文化叙事的一部分，随着时间的推移而产生的一系列变化均在这里有所体现。

小屋的起源

与很多建筑类型一样，小屋的形式是不确定的，会随着材料和周围环境的变化而变化。

通过研究我们可以发现，这些年，小屋的空间结构在实用性方面发生了很多转变：从移居者搭建的临时营地，到为修建连接各大洲的基础设施的工人所建造的住所，再到为新兴中产阶级提供的度假小屋或短期出租屋……小屋复杂的发展过程及其在当代文化中的持续的吸引力，使其成为值得探索的建筑话题。

19世纪中期，随着欧洲旅游业的兴起，城市精英们与自然互动的方式发生了重大变化。浪漫主义运动宣扬探索大自然以体验"崇高感"为目标，而"崇高感"则是人类在面对大自然的辽阔与壮美时所产生的敬畏之情。当富有情调的人们走进大自然时，小屋就变成了充满魅力的休憩寓所。欣赏如画的美景是小屋之旅的重要部分，人们还可以一边享受日光浴，一边玩拼图游戏。

雏形初现

就在越来越多的欧洲中产阶级享受着欧洲荒野最后的遗迹的同时，来自斯堪的纳维亚半岛或是东欧的移居者也带来了他们自己的传统建筑。他们用新砍伐的木材建造了简单的小屋，这些小木屋质朴而简单，或许正是因为这样，它们仍然是当代小屋热衷者的灵感源泉。

在向边境扩张的第一波浪潮过后，移居者进一步向荒野中推进，并在那里修建基础设施。这些设施不仅可以为北美大陆供电，还将北美大陆各地连接起来。伐木工、矿工、铁路工人以及其他行业的劳动者也需要可以满足基本生活需求的住所。早期在这里工作的工人们起初住的是用木材和帆布搭建的帐篷房。每当屋中亮起灯时，半透明的帆布透出耀眼的光芒，像灯笼一样照亮了周围的森林。聚落

形态逐渐固定下来，帐篷房也就成了风景中的固定元素。之后，人们为小屋筑起墙壁，铺上木质地板，加盖防风雨的屋顶，安装燃木火炉，甚至还接通了电线。这个过程是循序渐进的。

逃离一切

二战后的房地产热潮过后，北美的主流文化和反主流文化都迷上了小屋，尽管原因截然不同。新兴中产阶级在城市和郊区环境中获得了所有现代生活的便利条件后，开始将注意力转向在大自然中建造度假小屋。当时的主流声音将自己动手建造的小屋描绘成"一个不用花很多钱就能逃离一切的地方"。建筑行业认为这是一个契机，于是他们将小屋作为推广新材料和新技术的媒介。与此同时，20世纪60年代的反主流文化运动推崇全新的生活方式。在科罗拉多州的空降城等社区，具有前瞻性的建筑师和"嬉皮士"建造了新颖的建筑，其结构明显不同于传统建筑：多种出版物中记录了他们将回收的产品用作建筑材料的创新方法及夯土技术。反主流文化运动对小屋关于逃离城市和超然世外这层含义有着深远的影响。

自己动手建造远离喧嚣的小屋的运动越来越受欢迎，在很大程度上要归功于20世纪60年代的前辈们的建筑创新实践和他们自力更生的精神。本书中收录的很多小屋项目的设计目标都是实现脱离网络和自给自足的生活，而且不破坏生态环境。

当代的小屋文化

当代人的生活越忙碌就越依赖于技术。与世隔绝的小屋可以缓解现代人生活的压力，哪怕只是让人们暂时逃离技术的包围也是很好的。这种渴望越强烈，小屋在社交媒体上出现的次数就越多。大部分小屋以风景如画的山川河流为背景，不仅为人们创造了远离现代生活方式的机会，还积极鼓励人们远离智能手机等现代科技产品。与小屋有关的影像已经成为一种数字化的缓解压力的方法，这些吸引人的图像让人们开始畅想一种不同的生活方式。当然，与小屋有关的影像并不能替代亲身的体验。

梦见小屋

小屋起初始于梦境。梦境有时是虚幻的存在，有时又是我们熟悉的场景。小屋之旅可以改变我们的日常生活体验，让我们参与到集体文化叙事中。我们脑海中的小屋之旅不仅仅是个人的体验，更是一种场所概念。很多创世神话和文学典故都讲述了小屋与集体文化叙事之间的联系。因此，小屋是一种富有表现力的媒介，传达关于空间转换和场所意义的复杂概念。

漫长的冬天过后，太阳缓缓升起，积雪渐渐融化，斯堪的纳维亚半岛的人们也许比其他任何地区的人们都更愿意在小屋中度过他们的夏天。芬兰有着无与伦比的小屋文化，这在一定程度上要归功于阿尔瓦·阿尔托（Alvar Aalto)的开创性设计。

阿尔瓦·阿尔托的设计生涯横跨20世纪中叶的现代主义时期，他对斯堪的纳维亚文化和气候的深入了解，在很大程度上定义了他的设计生涯。阿尔托通过挖掘芬兰人民的创世神话，提醒我们文化叙事作为地域主义设计核心的重要性。

本书中收录的小屋项目便存在于梦想和现实之间：当我们在黄昏时分抵达小屋并俯瞰这片土地时，已无法辨别出小屋的轮廓——从远处看，小屋是风景不可分割的一部分。而当我们身在风景之中时，也变成了它的一部分。

画出小屋

我们可以随手勾勒出一栋小屋的轮廓：有着"人"字形屋顶的小型寓所就像是一幅孩子的画作，它采用了大家再熟悉不过的小屋符号。正如本书中收录的很多小屋项目一样，"人"字形屋顶是基本构成要素，也是小屋的象征性符号。当然，这不是小屋设计的唯一出发点。设计师还可以通过以下方式获得灵感：走进场地了解地形走向，制作屋顶模型以确定其形状，或是尝试从场地周围找到合适的材料。一旦种下概念的种子，设计师就可以根据当地的气候条件和周围的景色完成小屋的设计。无论手工绘制还是打印在纸上的小屋图画，都可以让我们对不同的生活方式有所了解。

对于建筑师来说，小屋的吸引力在于简洁明了：它是一种简单的临时住所。鉴于其规划简单且规模不大，建筑师纷纷从场地条件、建筑造型和建筑材料几个方面展开试验。在规划小屋时，设计师可以自由诠释小屋的风格，并赋予旧的概念以新的形式。建筑师将小屋作为概念的试验田，让小屋变成了展现他们设计理念的有形宣言。从马库斯·维特鲁威（Marcus Vitruvius）到马克-安托万·劳吉尔（Mark-Antoine Laugier），再到弗兰克·劳埃德·赖特（Frank Lloyd Wright）和勒·柯布西耶（Le Corbusier），几个世纪以来，小屋一直是建筑探索的前沿阵地。建筑师们开始尝试使用不同的材料和隔热形式，小屋也继续为他们的试验和探索提供空间。我们可以说，将梦想与现实、灵感与试验、传统与技术、自然与文化联系起来是通过设计来实现的。

草图与有机建筑

或许没有其他建筑师比弗兰克·劳埃德·赖特更能让人的梦境与草图紧密地联系在一起了。他在制图板上或是明信片背面画出的草图可以引发人们的联想，展现出富有远见的清晰的意图，灵巧的笔触也展现了赖特所要表达的建筑语言。

赖特将自己的住所、工作室、花园和建筑实验室建在索诺玛沙漠中。他花费四年时间完成了全部的建造过程，随即对其进行改造。他经常在场地周围漫步，在沙漠中寻路。赖特认为，建筑应当与特定时刻和特定景观紧密联系，就像从地面上自然生长出来的一样，这也是他的有机建筑理念的根本——建筑改造的最终目的应该是使其逐渐适应当地环境。

适应当地环境

马克·埃里克森（Mark Erickson）是North工作室（本书中"鸟屋"这个项目的设计公司）的负责人，他和他的家人数十年来一直生活在"鸟屋"的原址附近，他对森林生态的认识和求知欲造就了这个小屋。马克一直对当地的生态环境充满兴趣，由此催生了其与自然环境深入接触的想法。他认为人们在"鸟屋"中居住的时间很短，而小屋在其余时间都是属于森林的。在某种程度上，该项目让人类和野生动物成为室友。

建造小屋

为了将传统文化和新技术结合起来，设计者和建造者对小屋的类型进行了重新解读，以探索新的建造方式，从而扩大可以搭建结构的范围，以便在阿尔卑斯山脉中寒风凛冽的山峰上，也能有小屋的存在。

建造小屋是一个循序渐进的过程。在这个过程中，我们逐渐将场地情况与我们的梦境和草稿上的小屋形象整合在一起。无论使用混凝土还是石头，都要先打地基。地基打好后（危险的环境需要锚固），地面就被框定下来了。安装好窗户后，我们就可以透过窗户看到远处的景致、附近的山脉或是一整片树林。小屋的屋顶发挥了重要的作用，为人们提供庇护，帮助他们抵御风雪。

质朴的小屋为我们提供了理想的试验机会。裸露在外的粗糙边缘展现了手工建造和时间流逝的痕迹，日本人称之为"侘寂"，即在不完美中发现美。建造小屋不仅仅是将宽13厘米、厚66厘米的木材钉在一起，直至小屋成型后获得一种满足感，也是探寻一种与场所和群体紧密相连的感觉。不管用木材建造小屋，还是用石头堆砌石坑，人们都能在其中找到乐趣。建造小屋是为了创造某种体验，通过亲手建造和现场施工，我们才能了解每个场地的独特之处。然而，独自完成小屋的建造也很少见。即便是在边界区域，小屋建造也是群体协作的产物。无论现场施工还是预制部分，最好是通过多方协作来完成。

就想住在小屋里

亨利·戴维·梭罗（Henry David Thoreau）在马萨诸塞州康科德的瓦尔登湖畔自建的小屋可以实现自给自足。梭罗的"有意识地生活"理念是一种尝试，满足了"庇护"这一最基本的生存需求。在梭罗用著作讲述了其在瓦尔登湖畔建造小屋的经历之后，很多读者也迫不及待地开始建造自己的小屋。建筑设计和现代材料的进步使人们更容易过上脱离网络、自给自足的生活。

远程预制

书中收录的位于阿尔卑斯山上的庇护所——"高山庇护所"有着锋利的外形，使用了创新材料，位置也较为偏远，这使得预制装配的难度加大。尽管小屋的占地面积不大，却有着庞大的设计团队，60多名参与者中，有来自哈佛大学设计研究生院的学生，还有来自两家建筑公司和斯洛文尼亚武装部队的人员。恶劣的气候条件给建筑师、工程师和安装人员带来了巨大的挑战。在极其危险的环境中，项目的各个方面都经过深思熟虑，需要一丝不苟地执行。小屋由三个结构坚固且便于运输的框架组成，根据预期用途用它们来划分空间。斯洛文尼亚武装部队和山地救援服务站的一支登山队借助直升机完成了小屋的安装。"Dubldom小屋"是另一个通过预制模块完成设计建造的项目，可以很好地适应极端环境。预制装配一直以来都深受欢迎，而新型模块结构则展示了小屋未来的发展方向。

住进小屋

我们运用有效的方式和材料建造小屋，倾注了我们极大的热情。我们还没有住进小屋，就已经开始在脑海中描绘小屋的样貌了。

小屋可以作为度假寓所，来到这里，人们可以暂时逃离日常生活。无论家庭聚会还是短期停留，小屋都可以让人们过上另一种生活，即便这种生活只是暂时的。除了作为度假时的临时居所，小屋也可以作为长期住所。

小屋的魅力在于可以让人们亲近大自然，过上简单的生活，弥补繁忙生活带来的缺失。人们只需带上生活必需品，以一种不同的方式在小屋中建立起自己与空间和场所之间的联系。

住在户外

在很长一段时间内，法裔瑞士建筑师勒·柯布西耶每年夏天都会在其位于法国罗克布吕纳-卡普-马丁（Roquebrune-Cap-Martin）的度假寓所卡巴农（Cabanon）中度过。他最为人们所熟知的或许是其在城市拆迁和重建方面的重要贡献。进入暮年的他退隐到地中海沿岸，住进他的小屋。从外观上看，卡巴农很像一个传统的小屋，但内部空间使用了单层胶合板，设计风格简单、质朴。室内陈设布局也非常简约，勒·柯布西耶更愿意将大部分时间花在户外，去体验蔚蓝大海的壮美。小屋周围的花园是住所的自然延伸，使居住空间显得比小屋本身要大，远远超出了胶合板墙壁所限定的范围，一直延伸至大海。

回归自然

在夏威夷的毛伊岛上，FLOAT建筑事务所的艾琳·摩尔（Erin Moore）以诗意的方式探索、亲近大自然。书中收录的"户外小屋"这个项目由两个亭子组成，它们横跨了有着300年历史的熔岩流。其中一个亭子用于睡觉和工作，另一个亭子用于烹饪和就餐。两个亭子之间有一定的距离，业主必须在两个亭子之间穿行，这也使得户外成为小屋的一部分。两个朴实无华的亭子构成了日常生活的场景。

另一个项目"克莱因A45小屋"的设计师比亚克·英厄尔斯（Bjarke Ingels）和索伦·罗斯（Søren Rose）也有过同样的幻想——斯堪的纳维亚的设计师们也向往着田园生活。在自驾前往卡茨基尔山时，他们的脑海中出现了一个有着独特斯堪的纳维亚美学风格的A字形构架。与20世纪50年代和60年代第一批A字形房屋一样，"克莱因A45小屋"也采用了预制平板包装材料。英厄尔斯和罗斯希望，开始极简生活之后，小屋热衷者能够更好地与自然交流。

当梦想变成现实

从山腰处的变形小屋到鸟和人类共处的树顶木屋，从湖畔平台到横跨熔岩流的亭子，这些小屋项目均是关于幻想、建造和居住的试验。小屋存在的唯一目的是提供基本的庇护所，却也带来了更多的可能性：建立外在世界与内在世界的联系。

达蒙·海耶斯·科图雷，加拿大North工作室的主设计师。这家工作室的作品多次在国内外出版物及网站上公开发表，例如，著名的设计网站Canadian Architect、Archdaily和创意家居杂志Dwell。

美国纽约州，秋日的倒影

森林

设计新颖的小屋隐藏在茂密、青翠的森林里，人们可以在小屋中观察野生动植物，感受大自然在一年四季中的色彩变化，并通过这种方式与大自然融为一体。

R住宅

R住宅是一个宁静的家庭庇护所，位于智利南部安第斯山脉的一片山地上。由于靠近当地的自然保护区和国家公园，这里变成了徒步旅行者和户外运动爱好者的理想居所。房屋结构坚实、耐用，可以应对变化莫测的自然条件，抵御酷暑和严寒。

房子面朝北面的河谷。设计师将它建在天然的斜坡上，这样就无须花费额外的资金去打地基。将房屋结构架高还可以最大限度地减少对周围景观的影响。"人"字形屋顶可以防止出现积雪的情况。

房子正面设有缓冲区，实现了室内外空间的过渡，以抵御酷暑和严寒——这种处理方式在巴塔哥尼亚（Patagonian）地区十分常见。地面处设有进入小屋的台阶，人们可以由此进入小型厨房和盥洗室，然后是客厅、餐厅两用区域。透过露台的大扇窗户可以欣赏山谷的壮观景色，视线也完全不会受到树木的阻碍。螺旋式楼梯通向二楼，那里设有卧室、客厅和工作区。

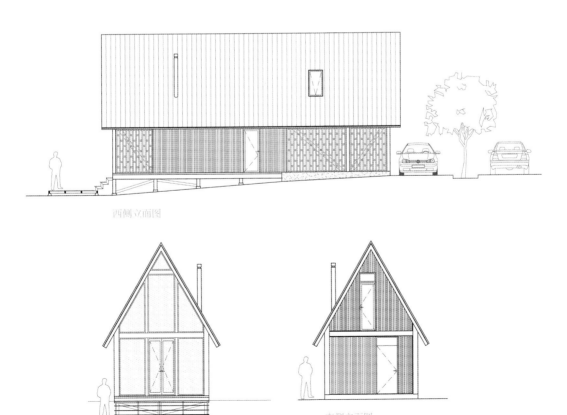

西侧立面图

北侧立面图　　　　　　　　南侧立面图

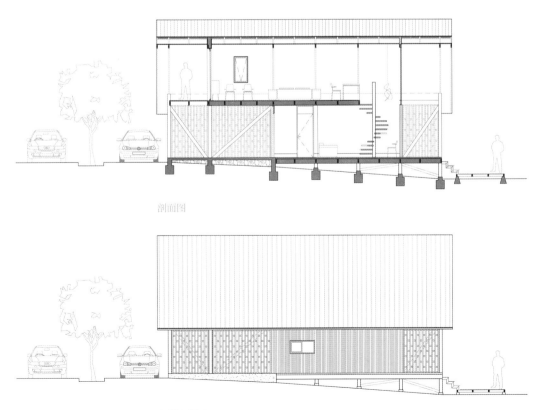

剖面图

东侧立面图

克莱因A45小屋

这种传统的A字形结构以坡屋顶和便于排泄雨水的倾斜墙面而闻名。为了最大限度地发挥这种传统结构的优势，克莱因A45小屋采用正方形底座，屋顶倾斜45°，整体结构架高4米，从而增加了小屋的实用面积。三角形的落地窗由7块玻璃组成，自然光透过玻璃照进室内，由此产生的切面形状使小屋有了水晶般不断变化的立面效果。室内空间反映出北欧家庭习惯于优先考虑舒适性和设计感。

小屋完全是用可回收材料打造的：裸露的实心松木框架、雪松木铺设的浴室、花旗松木地板和定制的软木隔热墙壁，共同营造了具有天然气息的空间氛围。雅致的壁炉在房间的角落里藏着。小屋内的陈设和装饰呈现出精致的北欧工艺，包括由哥本哈根的制造商Møbelsnedkeri设计的小型厨房、由Carl Hansen品牌手工打造的家具以及Kvadrat品牌的木床。

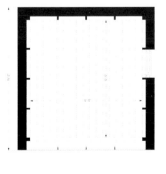

平面图

剖面图 A

剖面图 B

鸟屋

由North工作室设计的"鸟屋"隐匿于山林之中，可以同时容纳两个人和一只狗。屋内有足够的空间，放得下一张双人床，还有一个小型起居空间。除了为人们提供居所，瓦片外墙上还安置了12个鸟巢，为当地各种各样的鸟类提供了筑巢的机会。为了模仿鸟类筑巢的过程，"鸟屋"的建造材料均来自周围的森林。

小屋采用的是交叉支撑结构，底座距地面将近3米，屋顶最高处距地面6米。"鸟屋"的地板和外立面均是用一栋废弃木屋的回收材料打造的。前立面以用红雪松木板切割而成的圆形切面铺装，大小不一的圆形切面让人联想起鸟巢。屋顶是用透明的聚碳酸酯板制成的，阳光可透过屋顶照进室内。立面的两个圆形洞口强化了通风效果。小桥将"鸟屋"与山坡连接起来，石头小路引领人们走向场地深处，人们可以在那里享受天然的泉水，或是燃起篝火取暖。

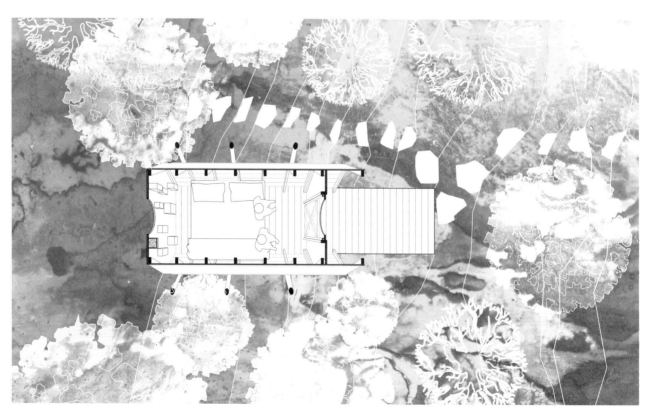

平面图

巢中之鸟

这是一个不同寻常的小屋，一棵百年橡树的枝叶环绕着小屋，看上去像是为小屋定制的"木制裙摆"。设计师以鸟巢为灵感，打造了结构特别的小屋。人们首先要经过一个平台——这个平台位于另一棵古老的橡树上，然后踏上距地面10米高的走道，就可以进入小屋了。打开两扇滑动玻璃门，就可以从中庭进入小屋的中心了。再通过紧紧靠在树上的木梯继续向上走，可以惊喜地发现一个全景式屋顶露台。墙壁内衬是用白杨木打造的——这是一种轻盈的木材，有着淡淡的香气。光滑、平坦的内墙与定制的家具十分相配，并与精美的横木组合形成几何体块。

起居空间围绕露台展开——从入口到起居室和卧室，直至狭窄的过道，过道上有三扇滑动门，分别通往更衣室、设施齐全的浴室和精心设计的储藏室。起居空间装有大扇窗户，人们可以透过百年橡树层层叠叠的树叶俯瞰整片森林。

立面图

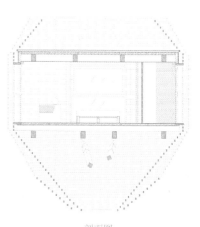

剖面图

COBS小屋

这7个全年可居住的小屋位于松林深处，是专门为科罗拉多拓展训练学校（Colorado Outward Bound School）设计的——这里是学校户外教学项目的大本营。植入混凝土底座的矮脚金属柱将小屋架起，从而最大限度地减少了建筑带来的对视觉和环境的影响，同时也有助于让小屋与周围的森林融为一体。

小屋的外立面是用热轧钢板打造的，形成了无须过多维护的外墙防雨幕。设计者受到了雪洞的启发，用保温板（SIPs）来打造小屋的墙壁和屋顶。这样的屋顶可以承受冬日里厚重的积雪。

小屋的面积均为19平方米左右，外设9平方米的雪松木平台。每个小屋都是独一无二的，它们的朝向和接合方式取决于所在场地的条件。小屋内部用桦木胶合板做装饰，为室内带来温暖的同时，也与周围环境建立了密切的联系。

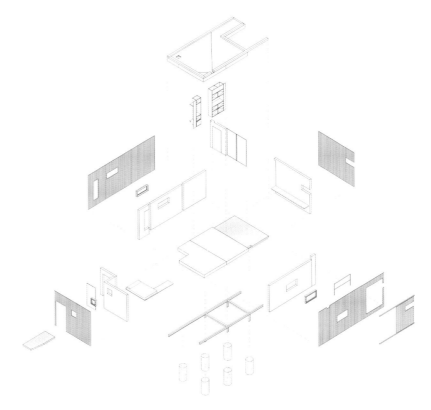

轴测分解图

梦中的跳水台

环境可以塑造人的思维方式。 无论你是孩子还是成年人，空间都能触发你的想象力，拓宽你的思维，并振奋你的精神。

North工作室打造了这个带有跳水台的家庭度假小屋。它的结构比较简单，整体被建在巨大的花岗岩之上，伸向湖岸；休息区位于跳水台后方，被拴在一堆岩石上——这些岩石可以起到平衡和固定的作用。这个小屋是用废旧材料建造的，并使用当地的木材作为补充。

游泳爱好者通常需要沿着岩石构成的湖岸寻找合适的入水位置。除了睡觉和玩乐这两个最基本的功能之外，这里没有设置任何多余的元素。小屋顶部还挂着涂蜡的帆布，可以随时展开以应对恶劣的天气。

夏夜里，这里是观看满天繁星的绝佳去处；到了早晨，伸向湖岸的跳水台则能够代替咖啡让你精神一振！

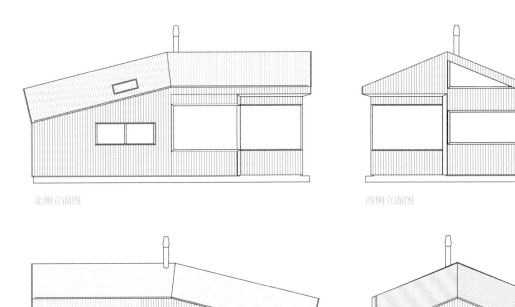

北侧立面图

西侧立面图

南侧立面图

东侧立面图

山区

这些现代的建筑坐落在陡峭的山坡上，为登山者、滑雪者和冒险爱好者提供温暖、安全的环境，让他们有机会体验山间的生活。

斯洛文尼亚特里格拉夫国家公园，博希尼湖

DublDom小屋

DublDom小屋是建筑师为坎达拉克沙镇准备的一份礼物——它将在冬季和夏季作为游客和户外爱好者的庇护所。小屋以标准化模块为基础，为了满足山间生活的需要，设计师对其内部进行了重新设计，以应对低温和大风天气。

亮红色的小屋建在偏远的区域，因而只能用直升机运送建筑材料。6根柱子固定在石头覆盖的地表上——它们支撑起金属框架，将小屋架离地面。小屋内部可以同时容纳8个人。所有的床铺均是特制的，可以进行拆卸。床铺下方的空间可以存放小物件，大厅空间则可以存放户外衣物和装备。室内用色十分简约，从而将人们的视线引向窗外的山景。全景式窗户特意设置在南面，将坎达拉克沙海湾和岛屿的美景呈现在人们眼前。大扇落地窗为室内带来了充足的光线，让小屋变得暖和起来。

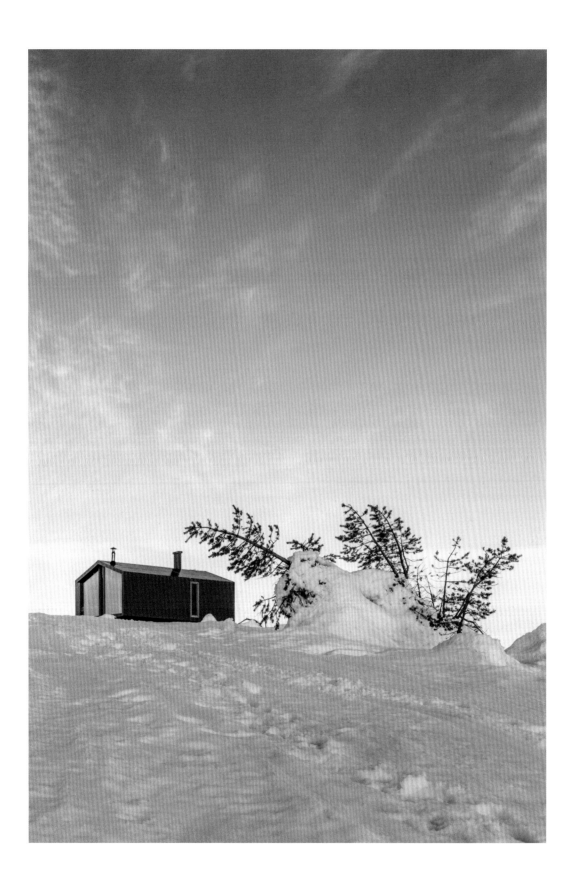

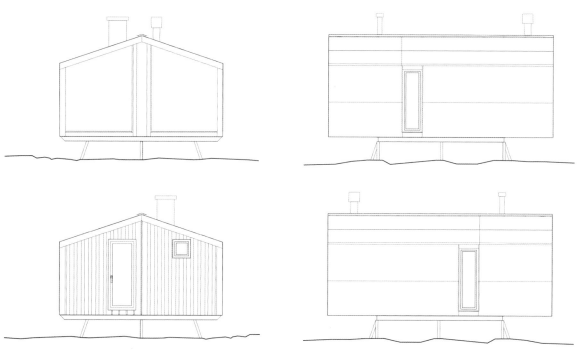

立面图

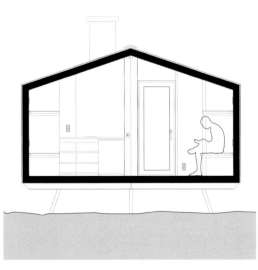

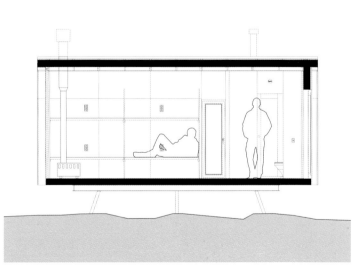

剖面图

谷仓小屋

OPA Form事务所将可以让人舒适入眠的睡眠模块置入谷仓中,为这个旧式谷仓注入了新的活力。这个经过翻新的传统建筑位于滑雪胜地Myrkdalen附近。无论四口之家、度蜜月的新婚夫妇,还是滑雪爱好者们,都能在这里度过一个难忘的夜晚。

从外面看,谷仓没有太多的变化。缓步进入谷仓后,你会觉得自己仿佛正置身于一个牛棚之中,空间表面十分粗糙,但是当你穿过房间,会看到全新的结构:一个覆以白杨木的模块,还设有圆形的入口。现代化的模块没有破坏谷仓原有的结构,新建部分被安置在现有结构周围。模块的一部分向低矮的横梁延伸,形成了竖向空间——访客可以在这里站直身体。精心布置的舒适的休息空间以火炉和窗户为中心;雕塑般的窗户延伸出去,访客可以由此欣赏到窗外的美景。

北侧立面图

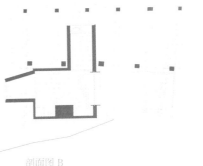

南侧立面图

剖面图 A

剖面图 B

Bivak II na Jezerih 小屋

原建筑是由当地的登山爱好者于1936年建造的。然而，原建筑的木结构最终因破败而坍塌，人们将其空运到山坡上，然后捐赠给了斯洛文尼亚登山博物馆（Slovenian Mountaineering Museum）。

设计师在小屋原有结构的基础上进行构思，以保留原始轮廓，由于地理位置偏远，只能通过直升机运送铝结构。小屋整体面积不大，与周围的石灰岩融为一体。影响设计的主要限制因素包括特里格拉夫国家公园（Triglav National Park）的严格限制规定、山地的极端天气和场地条件。

最终，建成的小屋可以应对强风和恶劣的山地气候，而且易于维护。屋内营造了舒适的氛围，最多可以容纳6人。在设计过程中，团队优先考虑的是小屋的功能性，而不是美观性——一切都是以实用为目的，例如，耐用、防滑的地板在紧急情况下，可以经受住攀岩鞋钉的压力。

人们可以透过窗户（如遇恶劣天气可以用木板封住）欣赏到国家公园周围的山地景观。

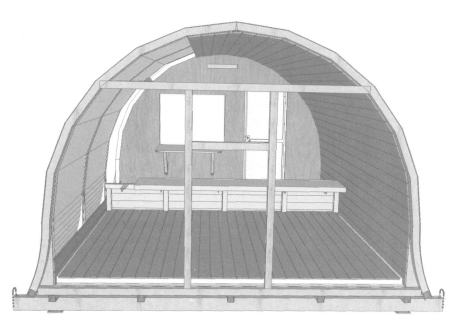

概念图

高山庇护所

该小屋坐落在斯库塔山下露出地面的岩层上，是由哈佛大学建筑系的学生和斯洛文尼亚建筑工作室OFIS合作设计的，用作登山者的庇护所。受阿尔卑斯山传统建筑的启发，小屋采用了坡屋顶和玻璃山墙，人们可以在这里欣赏到坎姆尼克阿尔卑斯山脉（Kamnik Alps）的壮美景色。这个小屋可以应对极端天气，三层玻璃窗可以抵御强风和暴雪，小屋表面还覆以玻璃纤维和混凝土板。

建筑被分为三个模块，以方便运输材料和划分空间。第一个模块是入口、储物空间和准备食物的空间；第二个模块是休憩和社交空间；第三个模块是卧室，这里设有床铺。为了尽可能地减少对场地的干扰，设计师将这些模块固定在金属钉上。这些金属钉是模块的基础，牢牢地将模块固定住。透过两侧的窗户，人们可以欣赏到山谷的全景。

南侧立面图

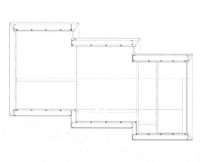

西侧立面图

世界尽头的庇护所

从这个令人惊叹的小屋不仅可以360°俯瞰斯洛文尼亚和意大利，还可以欣赏特里格拉夫峰（Triglav）、索卡山谷（Soca Valley）和亚得里亚海（Adriatic Sea）的壮美景色。这里地形崎岖，四处是洞穴和深渊，徒步旅行者、登山者和洞穴探险者喜欢来这里探索，自然爱好者和浪漫主义者也愿意乘直升机来这里。

这个木质小屋是为应对山顶极具挑战性的生活条件而设计的。这里因暴雨、大风、地震和山体滑坡等情况而出名，全年一半以上的时间会被积雪覆盖。因此，小屋的结构设计需要尽可能地考虑庇护所的稳定性，并将对环境的影响降到最小。

小屋整体是一个坚实的木质体块，由3层平台组成。这些平台面向山谷，人们可以透过玻璃窗欣赏到令人惊叹的美景。结构从山边向外伸展，并用钢缆固定。建在岩石上的空间也是小屋的一部分。室内设计朴实无华，一切优先考虑功能性，可以同时为9个登山者提供住宿。

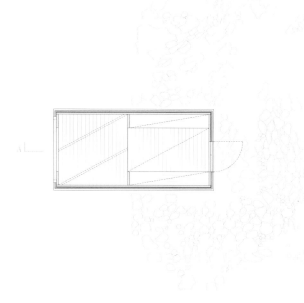

平面图

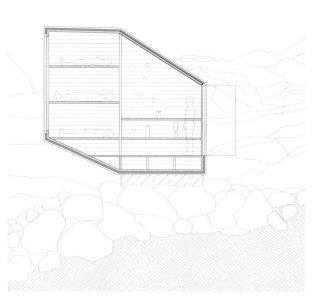

剖面图

单板滑手的
度假之所

这个小屋坐落在惠斯勒村北部一片安静的居民区的陡峭岩壁上。进入小屋后，访客可以看到衣物干燥间、设备存放间、洗手间和洗衣房。起居室和厨房背靠山丘，全景式玻璃幕墙拓宽了人们的视野——绿湖（Green Lake）山谷的山景一览无余。卧室和客房/书房设在顶层。人们可以从这里进入小屋后方背靠岩石峭壁的私人露台。

建造该小屋所用的材料均来自当地。露台由道格拉斯冷杉木框架和坚固的条形结构平台组成，其混凝土底座固定在基岩上。细木工制品通过简单、重叠搭接的方式与地板和屋顶连接起来。重叠部分向外翻折，为楼梯、卧室和厨房的采光窗留出空间。

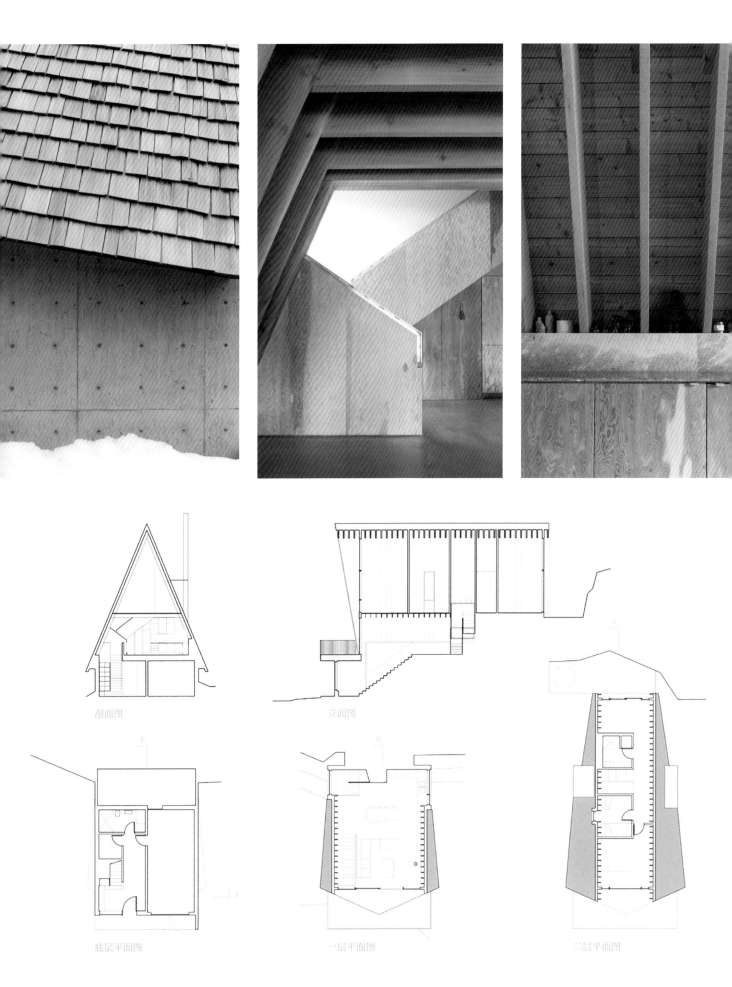

剖面图   立面图

底层平面图   一层平面图   二层平面图

安托万小屋

这个高山小屋坐落在瑞士阿尔卑斯山脉一个布满巨石的山坡上。小屋由非常基本的建筑元素组成：壁炉、小床、折叠桌和小窗。木质的小屋面积虽小，设施却十分完善，足够一人居住。小屋是在村中自建的，然后运送到高海拔区域安置。

小屋藏在钢筋混凝土中，如同高山中的落石，与周围环境融为一体，其设计受到瑞士人欣赏阿尔卑斯山风景、与之共存并藏于其中的传统的启发。建筑师将这个小屋命名为安托万——瑞士著名作家查理斯·菲迪南德·拉缪兹（Charles Ferdinand Ramuz）小说中主人公的名字。他的作品《德布朗斯》（*Derborence*）讲述了1714年发生的一次山崩，大量的落石布满了Lizerne山谷。主人公安托万在落石下生活了7个星期才回到村庄。建造这个小屋就是为了向极限户外体验和作家查理斯致敬。

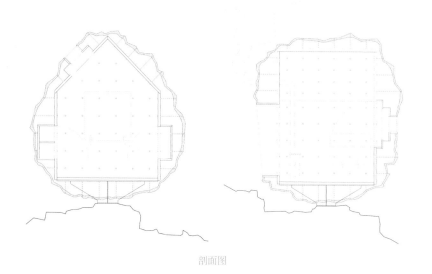

剖面图

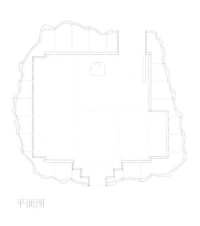

平面图

美国约书亚树国家公园（Joshua Tree National Park），日出时分

边地

位于边地的庇护所远离都市的忙碌氛围，帮助人们摆脱依赖科技的快生活，去享受静谧的独处时光，或是去欣赏绝美的夜空。

方舟庇护所

方舟庇护所看起来颇似集装箱。这个现代度假小屋是可以帮助人们戒掉现代通信设备依赖的理想环境。

透过大扇的落地窗可以看到周围的自然环境。大片滑动的壁面是可以打开的，以便更好地建立室内外空间的联系。钻进装有玻璃天花板的屋顶上方的空间，访客就可以在满天繁星下进入梦乡了。建筑的立面设计没有采用复杂的技术，而是力求与自然融为一体。云杉木包覆的内饰则营造了一种温馨、舒适的感觉。

设计团队还为这个小屋安装了太阳能电池板、蓄电池和雨水收集系统，可以彻底脱离电网。自动化系统经过预先设定，可以提供加热、冷却和遮阳服务。双人床可以自动升至天花板，露出下方的按摩浴缸。这一令人意想不到的装置表明，即便空间有限，也可以创造完善的生活条件。

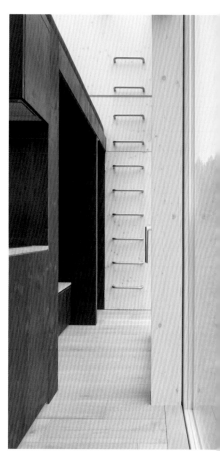

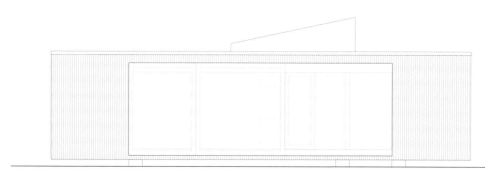

立面图

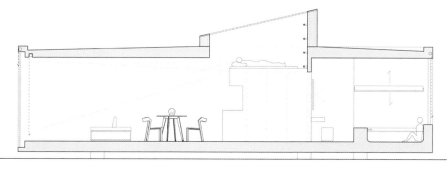

剖面图

离网小屋

约书亚树国家公园的中央建有两个小屋，它们的外立面呈自然风化的黄褐色。这两个质朴的小屋自带一个复杂的网络系统，使它们可以彻底离网运转。

两个小屋坐落在一处废弃的空地上。设计团队试图在设计上打破常规，建立人与周围环境的联系。他们还抬高了屋顶，以便为餐厅、厨房、卧室、盥洗室等起居区域留出空间。坡屋顶设计不仅增加了可居住空间的面积，还可以使热空气从太阳能天窗排出。

小屋的立面是用回收的钢材打造的，看起来像是自然风化而成的。两个小屋通过露台相连，这里还设有下沉式户外浴缸。餐厅、厨房和盥洗室设在面积较大的小屋内。卧室位于阁楼内，人们可以透过阁楼的天窗欣赏到如画的夜景。另一个小屋的底层用来存放设备，小屋内的观星套房吸引了众多游客。

这两个小屋成功地在不影响周围环境的情况下，让入住的游客过上了一种难得的离网生活。

概念图

亚瑟山洞

这个棱角分明的独特的小屋坐落在英国威尔士的拜耳城堡内，被称为"亚瑟山洞"（Arthur's Cave）——传说亚瑟王曾在威尔士的一个山洞中寻求庇护。

室内陈设简单，但颇具现代感。小屋设计巧妙，内部空间没有出现低温、黑暗或潮湿的情况。设计师从威尔士的古老景观中汲取灵感，采用现代技术建造小屋，并尽可能地使用当地的材料。粗糙的外观与周围的巨石和布满岩石的山坡相呼应。巨大的玻璃立面好像山洞的入口，吸引访客走进其中。小屋的整体结构是用数控设备切割的桦木胶合板和覆板搭建的，它们组成了一个复合结构。

外部覆以产自当地的黑色落叶松木板，并用羊毛进行保温处理。有棱纹的桦木胶合板使人联想到起伏的威尔士山丘和洞穴的墙面。装饰、固定装置和家具均是用胶合板打造的。屋内可以提供热水和冷水，还有一个自堆肥厕所，访客还可以通过小型柴炉取暖。

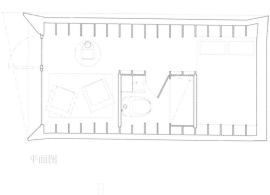

平面图

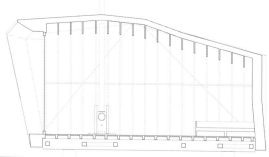

剖面图

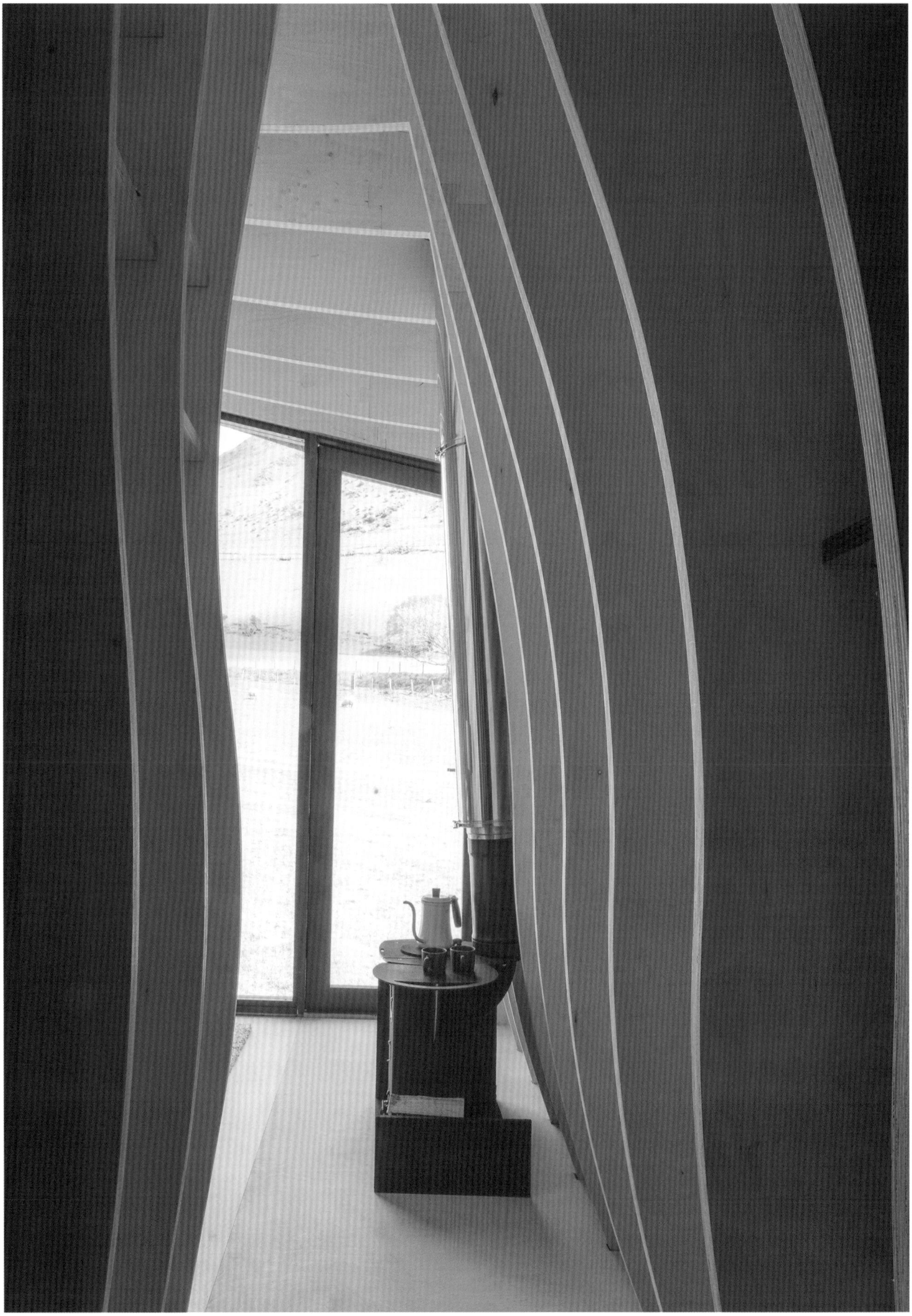

旅行者的庇护所

秃鹰谷（Valley of the Condors）位置偏远且难以进入，这里因在高空翱翔的鸟类而闻名。这个山谷十分辽阔，至今仍有一些区域尚未开发，吸引了众多登山爱好者。设计师利用回收材料在这片贫瘠的土地上建造了一个质朴的小屋，为人们提供了可以满足基本生活需求的住所，使他们可以在恶劣的环境中保护自己。

设计师所面临的挑战是在避免破坏地面环境的前提下，为徒步或登山爱好者建造一个四季皆可使用的庇护所。他们回收了一个破旧小屋的施工材料，将这些材料从10千米外运送至秃鹰谷。建筑是用回收的金属、木材和岩石建造而成的。地基是用岩石搭建的，木质地板下方便是粗糙的基座。主楼层内设有可以满足基本需求的储物空间，并用一块木板分隔出一个区域，用于加工食物或休息。

屋顶和北面的墙壁覆以回收的波纹金属板，而且是倾斜的——这样可以避免出现积雪的情况。设计师还考虑到了持续强风的情况，于是他们对回收的木材进行了涂层处理，以保护小屋结构，使其能够经受住严酷环境的考验。

东侧立面图

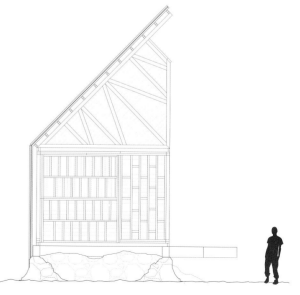

北侧立面图

Vipp庇护所

丹麦设计公司Vipp用钢架和玻璃建造了一个小屋，位于瑞典一座森林的隐蔽处，里面还摆放着由Vipp工作室设计的家居产品。这个小屋是Vipp酒店的一部分，宗旨是为到访者提供独特的度假体验。

进入小屋后，访客会发现屋内的每件物品都非常实用、耐用，这也体现了Vipp工作室所秉持的理念。小屋设计的出发点是返璞归真。团队希望借由一个造型优美、空间紧凑，又能体现Vipp品牌基因的小屋重返自然。

小屋的主体结构是一个预制的用金属和玻璃打造的矩形盒子，建在与地面有一定距离的树桩上。两个房间从屋顶探出：其中一个安装了采光天窗，另一个用作卧室，访客可以通过梯子进入卧室。夜晚时分，他们可以透过玻璃屋顶看到璀璨的夜空。简单的钢筋网格支撑起这个双层空间，只有浴室和阁楼卧室是与主要的生活空间隔开的。

值得一提的是，落地式玻璃推拉门变成了画框，将美景定格，成了室内空间的装饰元素。设计师最终呈现了一个现代风格的庇护所，简单却充满了精心构思的细节。

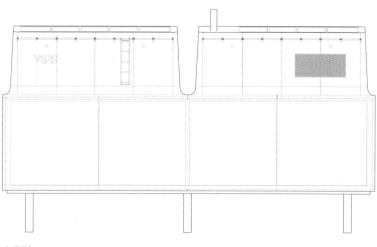

立面图

乡村

乡村小屋可以让人放慢生活的节奏，去欣
赏乡村的自然韵律，倾听远处牲畜悠然自
得的叫声或嗡嗡的蝉鸣。

希腊哈尔基迪基，葡萄园

边境的小屋

这个度假小屋位于土耳其靠近希腊边境的一个村庄内，这里的天气复杂多变。居民根据气候条件，并借助滑轮系统，对原建筑进行了改造。

这个可以满足最基本的生活需要的环保型小屋坐落在一片芥菜地里，采用太阳能供电，同时收集雨水供生活使用。居民预先组装好这个建筑面积为18平方米的小屋，然后用卡车将它运送到当前位置。小屋是用层压木框架搭建而成的，并用岩棉保温材料裹住，外覆防水的桦木胶合板。其内部构造简单，设有厨房和休息区，还有高架床。小型浴室设在住宅的一端。如遇恶劣天气需要合上胶合板时，可以拉开横向窗口，让阳光照进小屋。天气好的时候则可以拉开胶合板，这样既能获得更广阔的视野，又能达到通风的目的。小型的吊桥式木门可以充当平台，以增加可用空间。同时，板条木顶棚可以起到遮阳的作用。合上胶合板，小屋内部犹如游艇的舱室，可以抵御风暴的猛烈侵袭。

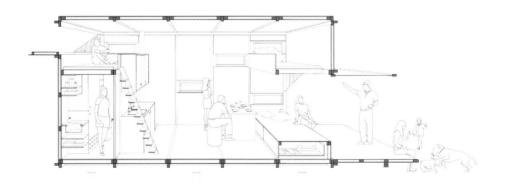

剖面图

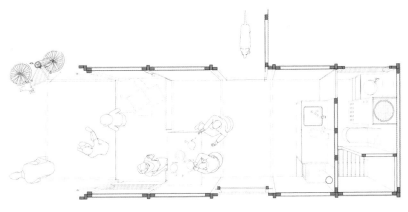

Plan

拖车小屋

Invisible工作室设计了一个造价仅为2万英镑（约合16.9万人民币）的可移动小屋。他们用废弃材料和当地出产的未干燥木材打造了这栋低能耗小屋。

小屋的设计理念来源于拖车屋——小体积的简易房可以在公路上移动运输。外部覆以玻璃纤维和钢板，内部衬以回收的胶合板。所有的细部构件都是用制作胶合板的边角料打造的，包括室内的两个楼梯。两端伸出的部分提供了一个有遮蔽的门廊，可以用来存放物品。

起居空间贯穿整个小屋，空间中央有一个煤气炉。浴室和小厨房位于六边形最宽的部分的两侧。一条木质走道将两个卧室连接起来，访客可以通过木质楼梯进入卧室。采光天窗可以使室内获得充足的自然光线。小屋外立面使用了回收的隔热材料，门则是用建筑废料打造的。

这个项目旨在提供一个成本超低的多功能可用空间。这种可移动住房可以适应各种建造条件，满足使用者的不同功能需求。

Tragata木屋

这是一个临时的木屋，是希腊西部地区的农民在高处看管田地的短期住所。

设计师将平台提升至5米高，建造了一个高于树木高度的观景平台，供人们以360°视角观察周围环境。木屋的主体结构是一种永久性的木框架结构，并覆以使用大量的芦苇制成的可拆卸面板。这些面板在冬季时可以拆卸存放。

面板底部向外翻折，不仅可以遮挡日间的阳光，还能实现自然通风，人们也可以欣赏到周围的各种景致。屋顶组装也用到了同样的原理，透过可打开的屋顶，可以欣赏到繁星闪耀的夜空。隐蔽的储物空间位于地板上方，可以存放床垫或其他物品。设计团队最终呈现了一个环保的休憩之所，同时也是向当地的历史致敬。

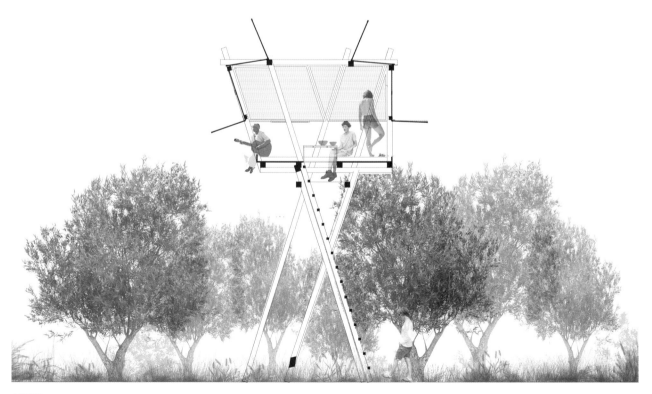

剖面图

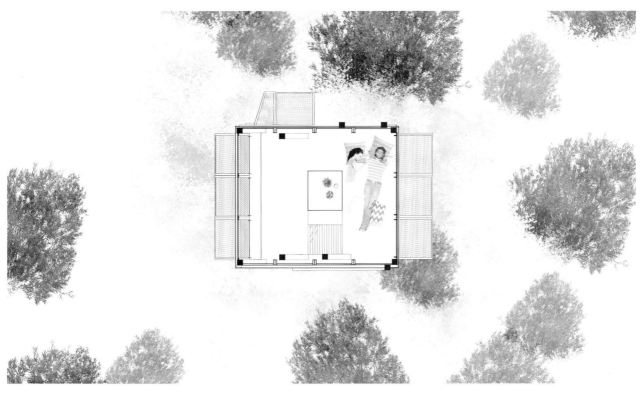

平面图

橄榄树屋

这个避暑小屋建在希腊哈尔基迪基（Halkidiki）半岛上的橄榄树丛中，不需要过多的维护，而且与周围环境和谐相融。

这个项目具有很强的试验性，采用了先进的CAD/CAM数字化技术。所有的建筑构件都是预制的，并根据光照位置放置，以实现遮阴效果。

小屋可以随时拆卸，而且不会给自然环境带来太大影响。由于整体结构的重量很轻，所以便于移动，有着极高的灵活性。简单的矩形平面与环境完美贴合，并被细分为更小的房间。与相邻的橄榄树对齐的走廊将各个房间连接起来。小屋外部覆以轻型的金属表面材料，覆面上的穿孔织物图案的灵感来源于橄榄树的影子——白天，随着太阳移动，橄榄树在室内空间映出千变万化的影子。

林地小屋

这个建筑面积35平方米的湖边小屋位于比利时努韦勒村的林地边缘，其结构轻巧、简单，而且经济、实用，取代了原来的破旧木结构建筑。神奇的是，它看起来好像建在那里有一段时间了，并与当地的农业建筑完美相融。

质朴的木质小屋以全黑色的外观、倾斜的屋顶和烟囱为特色。建筑的主体结构和覆面的材料均来自周围的林地。为了打造黑色的立面，设计师将木材泡在回收的拖拉机机油中。小屋内部的木制天花板梁裸露在外，墙壁和地板衬以定向刨花板（OSB）——这是一种由木制纤维组成的坚固面板。

除了为小屋供暖的燃木火炉，主空间内没有固定的家具。这里可以满足不同的活动需求，如办公、休息或社交。卫生间和盥洗室位于小屋的一端，另一端设有小型接待区。三个房间均面向木质平台开放，人们可以从那里观赏湖面景色。

立面图   剖面图

法国圣马丹昂康帕涅，诺曼底海岸

水域

在河边、湖边或是可以看到大海的地方找个庇护之所，观察不断变化的水面，或是在水里泡上一阵，然后回到舒适的小屋中，是多么惬意的事！

北极圈的隐蔽住所

弗莱因弗海岛地形崎岖、狂风肆虐。尽管气候极端，但还是有海鸥等海鸟前来筑巢。建筑师将对自然环境的敬意体现在建筑的规模和对地形的适应上：建筑与地面适度接触便于拆除建筑，不会对自然环境造成大规模的破坏。

设计师希望建造一系列能够适应地形的小型建筑，而不是建造庞大的结构。9个小屋由4个休息小屋、1个桑拿房、1个浴室、1个厨房、1个创意室和1个"思考屋"组成。人行天桥和小径将它们连接起来，轻质地基将这些小屋抬离地面。小屋的立面则是用建筑施工剩余的材料打造的。

这个位于北极圈的隐蔽住所是艺术家、音乐家和其他创作者的工作场所。项目的成功得益于挪威著名的爵士音乐家哈佛·隆德（Håvard Lund）的努力。这个小岛不仅为访客提供了安静的工作环境，还拥有令人惊叹的自然美景。小岛四周被大海包围，营造出一种超然的创作环境。

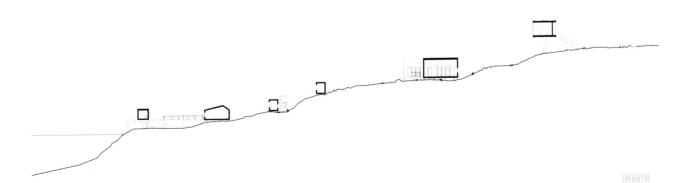

剖面图

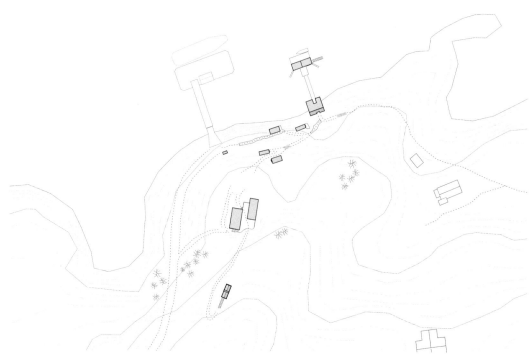

总平面图

海滨小屋

自维多利亚时代小屋开始在英国盛行以来，英国的海滨小屋就像炸鱼和薯条一样为人们所熟知。考虑到这一点，设计师希望在保留建筑原有精髓的前提下，赋予小屋新的外形，在形式上向英伦风情下特有的海滨小屋致敬。

最终呈现的海滨小屋与传统的固定式小屋不同，其外形类似于常见于海边的传统双筒望远镜，以呼应景观、光线和其他元素。这个可旋转的海滨小屋建在嵌入式旋转台上，这样一来，打开小屋的观景窗，就能看到波光粼粼的海面上升起的太阳或是夜间伊斯特本码头闪烁的灯光。人们可以根据需要随时调整旋转台，获得180°可旋转式的观景体验。

小屋是用结实的航海设施专用材料打造的，其尺寸参考了传统海滨小屋的尺寸。小屋里面摆放了一张沙发床、一个桌子和两个凳子。覆以木板的入口大门上方有一个向外伸出的结构，安装了两个舷窗和一个外置淋浴喷头。

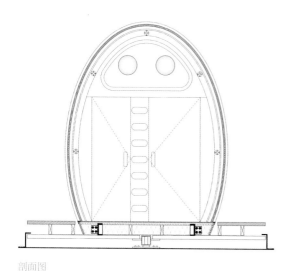

剖面图

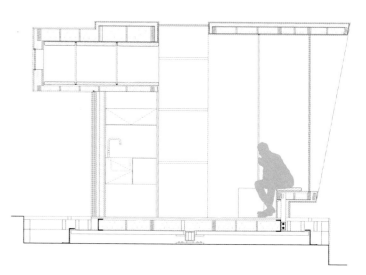

户外小屋

这个户外小屋由两个亭子组成，可供人们在户外生活。设计师利用毛伊岛海拔较高的位置为业主打造了凉爽的度假寓所。封闭的亭子取名为"Mauka"，这个词来源于夏威夷语，意思是"面朝山脉的内陆"。亭子内摆放了一张床和一个写字台，面向熔岩流景观，可以欣赏到日出景象。其余时间，访客可以在屋内阅读或小憩，享受屋内的清凉。

为了最大限度地减少对场地的影响，设计师借助混凝土砌块将亭子抬离地面。敞开的亭子取名为"Makai"，这个词在夏威夷语中的意思是"面朝大海"。这个亭子采用了预制镀锌钢结构，形成了一个有屋顶的平台，为小型户外厨房和户外淋浴设施提供遮挡。人们可以由此欣赏到太平洋和附近的小岛卡霍奥拉韦（Kaho'olawe）的景色。

两个亭子之间是一片随四季不断变化的场地——熔岩上的苔藓、弯曲的岩壁和当地特有的黄叶槐树是这个地方的精华所在。为了达到环保的效果，设计师尽可能地减少了亭子与地面的联系，亭子也是可灵活拆卸的。户外小屋的设计宗旨是展现业主以保护生态环境为中心的世界观，这种认识源于夏威夷人对土地的热爱。

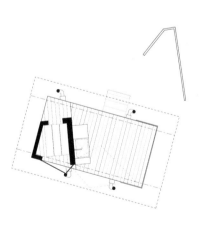

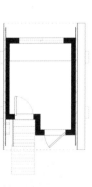

平面图

维京海滨度假小屋

这个翻新的小屋最初建于20世纪50年代，坐落在法国西海岸，这里曾是北欧海盗的舰船登陆的地方。受限于法国港口非常严格的建设标准，小屋的形态及尺寸均不能进行任何改变。于是，设计师将原建筑的屋顶及具有保温功能的外表皮镀成香槟色，并安装了两个巨大的滑动玻璃窗，为住在里面的人提供了绝佳的视野。

屋内的装饰极其简约，每个空间都得到了巧妙的利用。设计师将双人床设置在阁楼内。主起居区内摆放了一张沙发、一张八人餐桌和由冰岛设计师设计的折叠椅，人们可以在这里欣赏到广阔的海景。小屋中央是一片装有白色瓷砖的区域，这里设有卫生间和玻璃淋浴间。小厨房面向主起居区，通往大型户外露台。设计师将小屋的可用空间延伸到绝美的海边。这个经过翻新的海滨度假小屋背靠岩石，面朝大海，坐落在优美的环境之中，让人们获得了一种逃离喧嚣后的宁静之感。

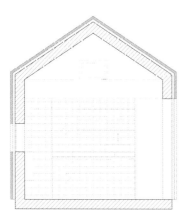

北侧立面图

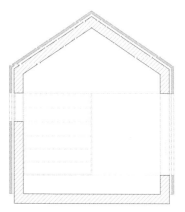

南侧立面图

DD16水上小屋

这是一个体量紧凑的模块化小屋，适合安置在较为偏僻或气候恶劣的地区。小屋由两个预制模块组成，可以浮在水面上，足以经受住俄罗斯寒冬的考验。设计师在小屋下方安装了组装式浮筒，以此将小屋安置在湖面上。

小屋的框架是用层压木材打造的，外墙饰面采用了复合铝板，形成了完整的无缝表面。这种轻型材料能够抵御外部环境的侵袭。聚氨酯泡沫不仅具有保温效果，还能加固墙壁，内部空间只需使用薄胶合板等轻型装饰材料。

这个小屋可利用太阳能发电，并从湖中取水。小屋的面积仅16平方米，设计师充分利用了小屋的结构，同时保证了空间的舒适度。小屋内摆放了一张双人床，床下设有储物空间。里面还设有一间浴室，配有环保型坐便器、淋浴设施和浴缸。此外，还有一个借助燃木炉子取暖的起居空间。厨房虽小，但功能齐全，餐桌用缆绳固定在天花板上，不使用时可以固定在墙上。大扇玻璃窗不仅可以将自然光引入室内，还有助于增加室内的空间感。

湖边寓所

这个独一无二的休闲小屋坐落在荷兰湖区的一个小岛上，小屋好像精巧的画框，将屋内外的景象定格，呈现出一幅与众不同的画面。使用者不仅可以与周围的自然环境互动，还能欣赏到日出和日落的景象。其中的一面玻璃幕墙可以彻底打开，让木质的户外露台变成室内空间的一部分。深色的木质立面也可以折叠起来，以便使用者可以360°全方位地欣赏自然美景，也让室内外空间的界限变得模糊起来：打开立面的一部分，起居空间的木质地板可以直接与水面相接，使用者可以从起居室来到湖面。

小屋的面积虽小，却可以满足人们对舒适度的追求，也可以应对各种天气状况。拥有双层墙体的屋内设有淋浴间、卫生间、厨房、壁橱和储物间。悬挂在天花板上的火炉面向户外露台，供使用者在舒适的夜晚使用。

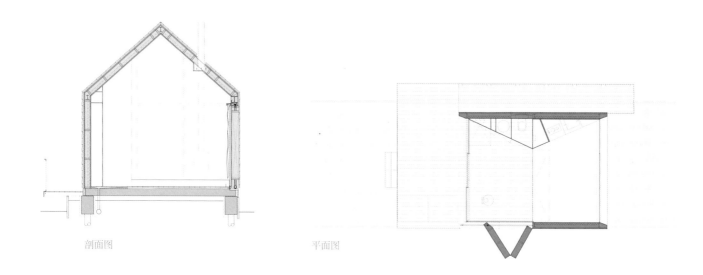

剖面图 平面图

城市

小屋出现在建筑林立的地方，着实令人意
外，但它们是欣赏城市风景的绝佳去处。
这些小屋隐藏在最不经意的地方，可以让
你逃离喧嚣，放松身心。

荷兰：阿姆斯特丹市

CABN小屋

这是一个设备齐全的离网小屋，可以为人们提供一处远离高压力的工作环境的空间。这个特别的小屋坐落在风景如画的阿德莱德山区（Adelaide Hills）的天然灌木丛中，其设计以尽可能地减少对环境的影响为前提。小屋使用的是堆肥厕所，并安装了雨水收集系统和太阳能发电系统。此外，设计团队尽可能地使用当地材料，以融入当地环境，实现可持续发展。

设计过程中最重要的一个环节是将户外环境引入室内，因此，设计师为小屋安装了大扇的玻璃窗。室内装潢十分简约，窗户可以实现空气对流的效果。天然木材营造了一个温馨、亲切的环境，使小屋与周围的自然植物群落融为一体。

屋内摆放了一张特大号双人床，外加一张特大号单人床，并设有淋浴间和厨房。透过大扇的玻璃窗，人们可以看到起伏的群山。这个小屋是可移动的，因而可以根据需要重新放置到其他村落、乡郊街区或是其他城市环境中。

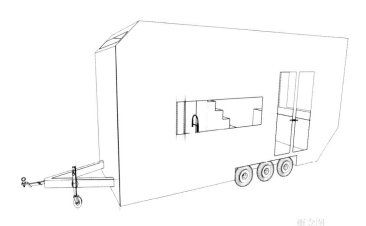

概念图

花园小屋

该小屋的设计师利用最少的面积与自然环境建立了最多的联系。使用者可以根据变化的天气情况调整空间布局。

小屋的核心是一个装有拱形钢屋顶的双层玻璃结构，核心部分的长度为6米。整个结构建在升降平台上，墙壁可以根据需要拉开或是合上。只需滑动墙壁，小屋长度就可以增加到近12米。

当墙壁完全合上时，小屋就是一个温暖舒适的庇护所。天气暖和一些时，拉开木质保护壳，露出玻璃壁，就可以获得更多的光照，而且仍能遮风挡雨。阳光更充足时，可以进一步拉开玻璃壁，一个户外生活空间便呈现在眼前。合上玻璃壁，又是一个巨大的室内空间，足够摆放一张10米长的桌子，容纳30人以上。

这个花园小屋只是自然生态系统中的一个有机体。

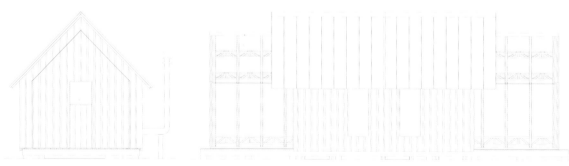

立面图

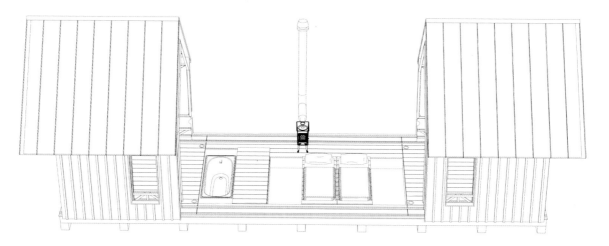

概念图

城市小屋

这个城市小屋位于一块废弃的工业用地之中，口袋花园和室外浴池为荒芜、空旷的场地增添了一份宁静与悠闲。小屋是用黑色的生物塑料3D打印出来的，可被完全地粉碎，循环使用。该项目是"在城市环境中建造小型可持续住所"这一研究的一部分。

小屋由迷你门廊和室内空间组成，屋内的可折叠沙发在需要时可以拉成一张单人床。屋外设有3D打印而成的浴缸。这个小屋的一侧是一扇窗户，另一侧是入口和门廊。墙面棱角凸起，既让整体结构变得更稳定，又在视觉上增加了趣味性。

设计充分利用了室内外空间之间的关系，用最小的面积打造豪华的体验。小屋的外部结构展现了不同的立面装饰类型、形态优化技术，以及材料消耗的智能解决方案。地板和阶梯式门廊与混凝土饰面相结合，形成了漂亮的图案，并向口袋公园的一条小路上延展开来。

立面图

Tubakuba小屋

Tubakuba小屋坐落在悬崖的边缘处。不同年龄段的探险爱好者都为这个小屋着迷，人们只需借助公共交通工具就能来到这里。兔子洞般的入口是小屋的特色所在。这个入口是用弯曲的木屑打造的，看起来很像大号的喇叭口，因而还有一个特别的名字——"大号立方体"。

这个富有创意的项目是卑尔根建筑学院（Bergen School of Architecture）的一个设计建造工作室的作品，这个工作室隶属于OPA建筑事务所。小屋完全脱离电网运行，燃木火炉足以为小屋供暖。木纤维保温层不仅可以保温，还能实现结构自主呼吸。小屋的内部装潢简约且舒适，并配以嵌入式胶合板家具和阁楼床。

小屋95%的部分是用木材制成的，四面外墙完全不同。标志性的隧道用削弯的松木堆叠而成。南面墙壁覆以未经处理的落叶松木——这些落叶松木会随着时间的推移逐渐变成灰色。落叶松覆面是通过日本传统建造方法实现的，可以防止木材霉变和腐烂。面向山谷的墙壁安装了大扇的落地窗，可以从这里俯瞰山谷中的卑尔根市。

剖面图

项目信息

图书在版编目(CIP)数据

探索小屋 / 视觉文化编;潘潇潇译. —桂林:广西师范大学出版社,
2022.10
  ISBN 978-7-5598-5341-7

  Ⅰ.①探… Ⅱ.①视… ②潘… Ⅲ.①建筑设计–作品集–世界–
现代 Ⅳ.① TU206

  中国版本图书馆 CIP 数据核字 (2022) 第 159721 号

探索小屋

TANSUO XIAOWU

出 品 人 :刘广汉
责任编辑:冯晓旭
助理编辑:杨子玉
装帧设计:吴 迪
广西师范大学出版社出版发行

(广西桂林市五里店路 9 号   邮政编码:541004)
(网址:http://www.bbtpress.com)
出版人:黄轩庄
全国新华书店经销
销售热线:021-65200318   021-31260822-898
恒美印务(广州)有限公司印刷
(广州市南沙区环市大道南路 334 号   邮政编码:511458)
开本:889 mm×1 194 mm   1/16
印张:18   字数:130 千字
2022 年 10 月第 1 版   2022 年 10 月第 1 次印刷
定价:268.00 元